메이크업디자인실기패턴

Makeup Styling Book

― 이미애, 박미경 지음

BM (주)도서출판 성안당

CONTENTS

01	Face Line&Proportion	_ 07
02	얼굴의 기본 음영&명칭	_ 09
03	얼굴의 여러 가지 형태	_ 11
04	Gradation	_ 13
05	눈썹 부위별 명칭 및 위치	_ 17
06	Eye shadow	_ 31
07	Lip	_ 47
08	얼굴형에 따른 치크 위치	_ 57
09	Face Design	_ 59
10	Pattern Design	_ 87
11	Hair Design	_ 111
12	Fantasy Design	_ 119
13	Body Design	_ 131
14	Practice	_ 147

Makeup Styling Book

FOREWORD

저는 지난 20년 넘게 방송과 교육현장을 오가며 후배들과 학생들로부터 현장에서 느끼는 한계와 창의성에 대한 고민이 많다는 걸 알게 되었고, 지금도 그와 관련된 질문들을 많이 받습니다. 이러한 질문에 대하여 저는 이렇게 답을 해줍니다.

"아이디어는 머리에서 나와 손으로 표현됩니다." "표현되지 않고 머리속에서만 맴도는 아이디어는 아이디어가 아니며, 마찬가지로 여러분의 손으로 표현할 수 없는 아이디어 또한 아이디어가 아닙니다. 생각하기전에 펜을 먼저 들어보세요. 그리고 여러분의 생각을 손을 통해 꾸준히 표현하세요."

저는 지금도 여전히 손으로 그림을 그리고 채색을 합니다. 손이 굳으면 아무리 좋은 아이디어가 떠올라도 구체화되기 힘들거든요.

메이크업에 있어 창의력과 디자인은 여러분의 손을 통해 표현되고 구체화될 것입니다. 이런 면에서 패턴북은 메이크업 아티스트를 꿈꾸는 여러분에게 공부에 필요한 교과서뿐만 아니라 프로가 되어서도 그 옆을 지켜줄 든든한 아이디어 북이 될 것입니다.

앞으로 많은 뷰티 디자이너들이 이 책을 통해 기초를 다지고 더 나아가 자신의 한계를 뛰어 넘는데 도움되길 바랍니다.

저자드림

Makeup Styling Book.

01 Face Line&Proportion

얼굴의 프로포션이란 눈,코,입들의 얼굴 전체에 대한 균형을 말하며
프로포션의 차가 곧 그 사람의 개성으로 나타난다.

가로분할 헤어라인에서 눈썹까지 눈썹에서 콧방울 까지 콧방울에서 턱선까지 3등분으로 나눈다.

세로분할 헤어라인에서 눈꼬리까지 눈꼬리에서 눈앞머리까지 눈앞머리에서 눈꼬리까지 눈꼬리에서 헤어라인까지 5등분으로 나눈다.

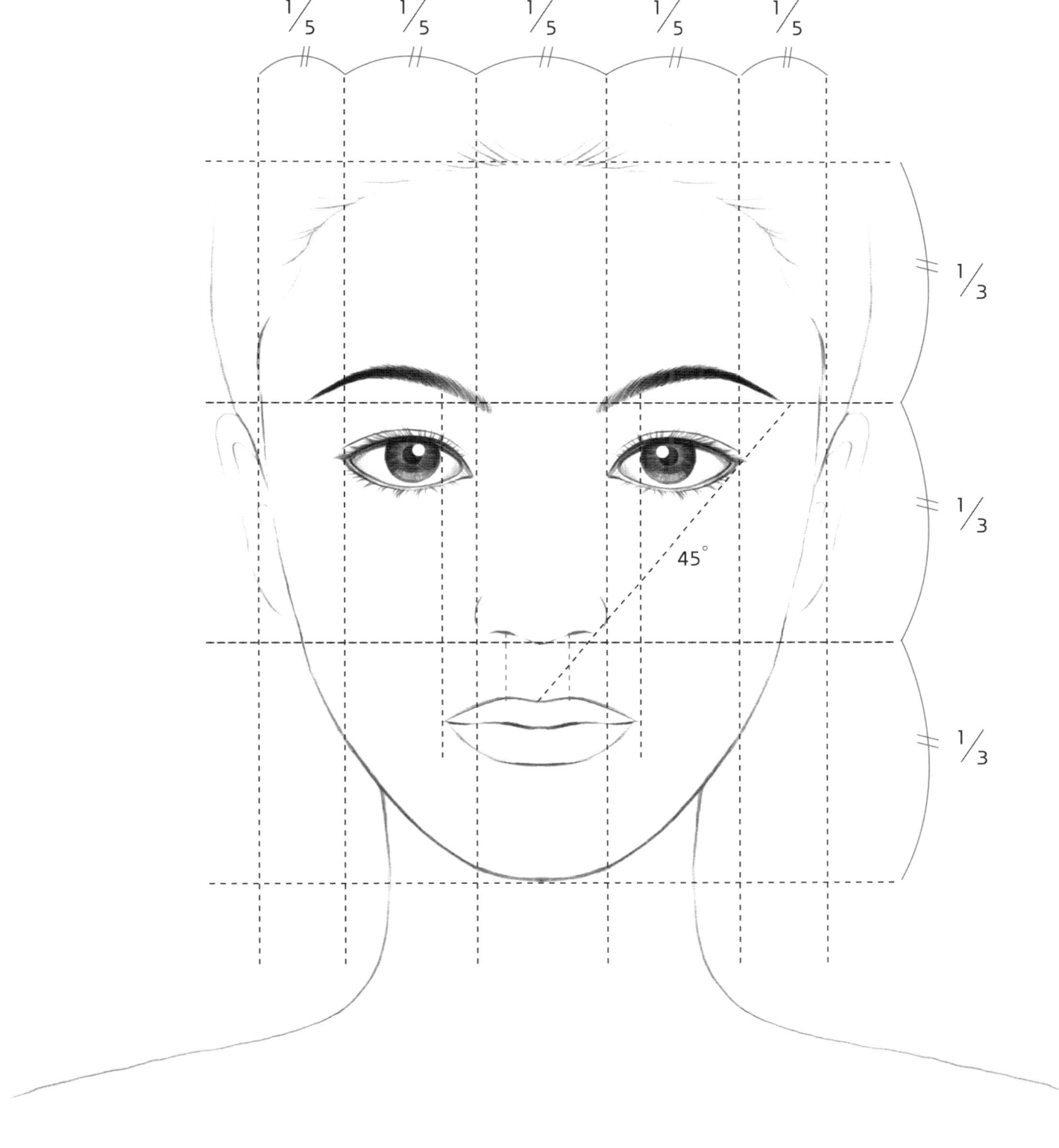

02 얼굴의 기본 음영&명칭

· Base Color : 피부색과 비슷한 톤의 색

· Highlight Color : 피부톤보다 밝은 색

· Shadding Color : 피부톤보다 어두운 색

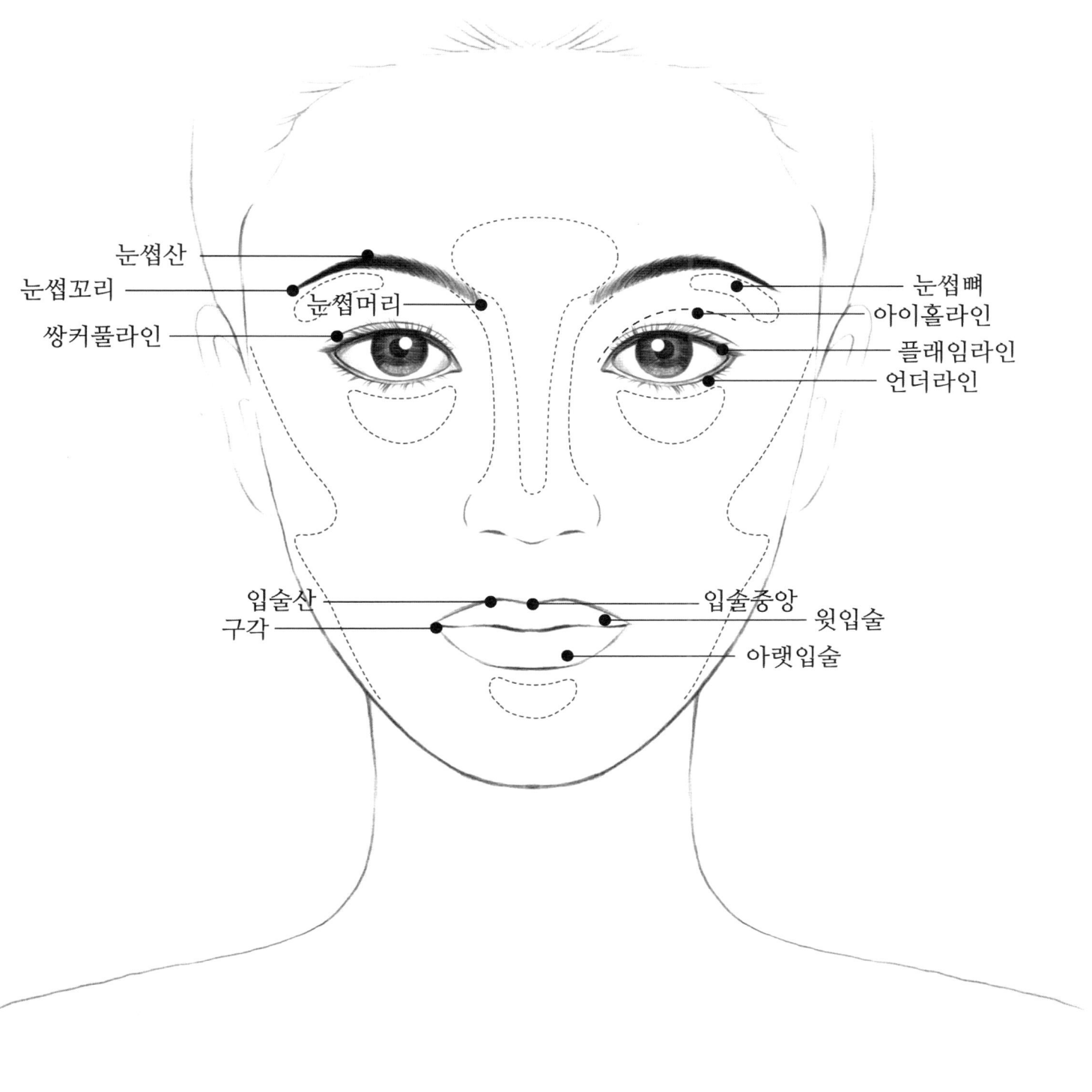

03 얼굴의 여러 가지 형태

타원형 얼굴
(Ovel face)

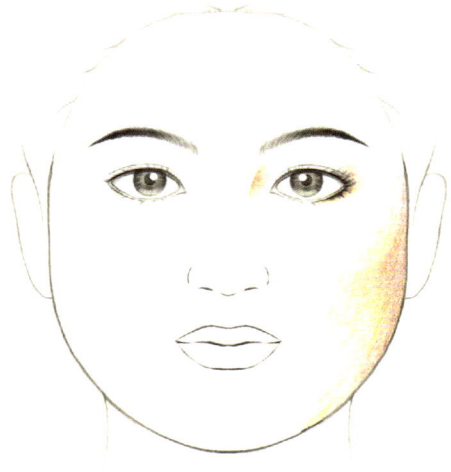

둥근형 얼굴
(Round face)

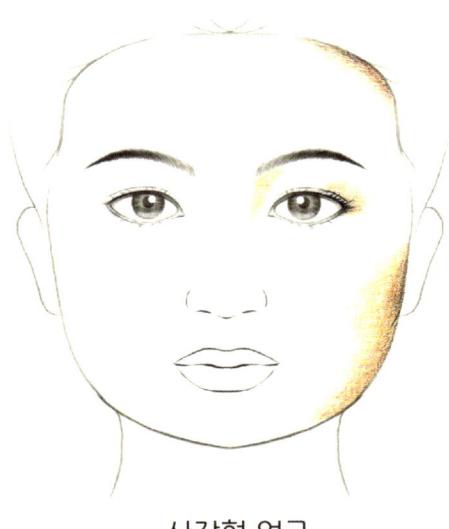

사각형 얼굴
(Square face)

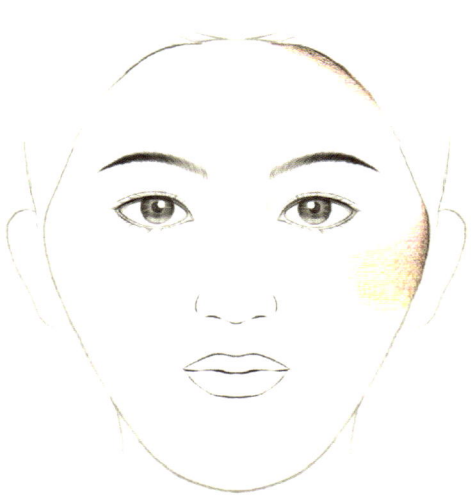

역삼각형 얼굴
(Uninverted Triangular face)

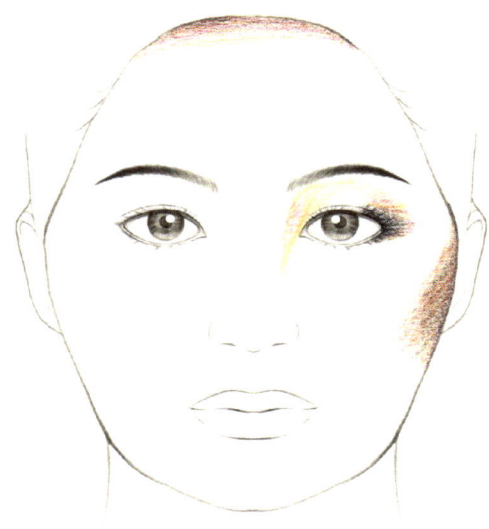

다이아몬드형 얼굴
(Diamond face)

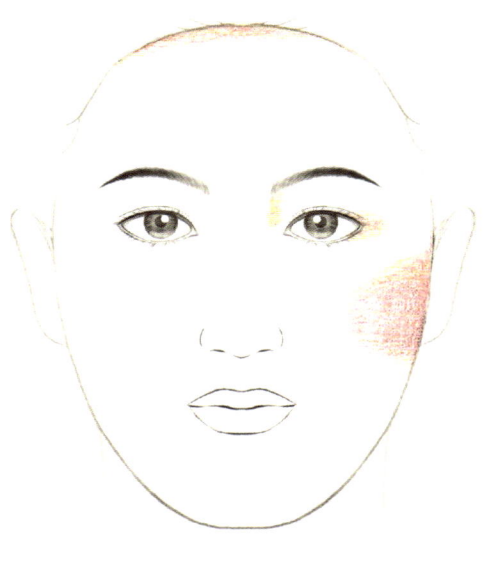

긴 얼굴
(Long face)

04 Gradation

색채나 명암의 농담법으로서, 부드럽게 변화하는 색상을 뜻한다.

색채나 명암의 농담법으로서, 부드럽게 변화하는 색상을 뜻한다.

04 Gradation

05 눈썹 부위별 명칭 및 위치

눈썹은 얼굴의 표정 인상을 만들어 주는 중요한 부분이며, 얼굴의 지붕 역할을 한다.

1. 눈썹의 위치: 이상적인 위치는 이마에서 1/3 되는 지점.
2. 눈썹머리: 콧망울 끝에서 수직으로 올려 만나는 지점에 위치.
3. 눈썹산: 눈썹 길이를 3등분 했을 경우 2/3지점에 위치.
4. 눈썹꼬리: 콧망울과 눈꼬리를 45도 각도로 연장했을 때 만나는 지점에 위치.

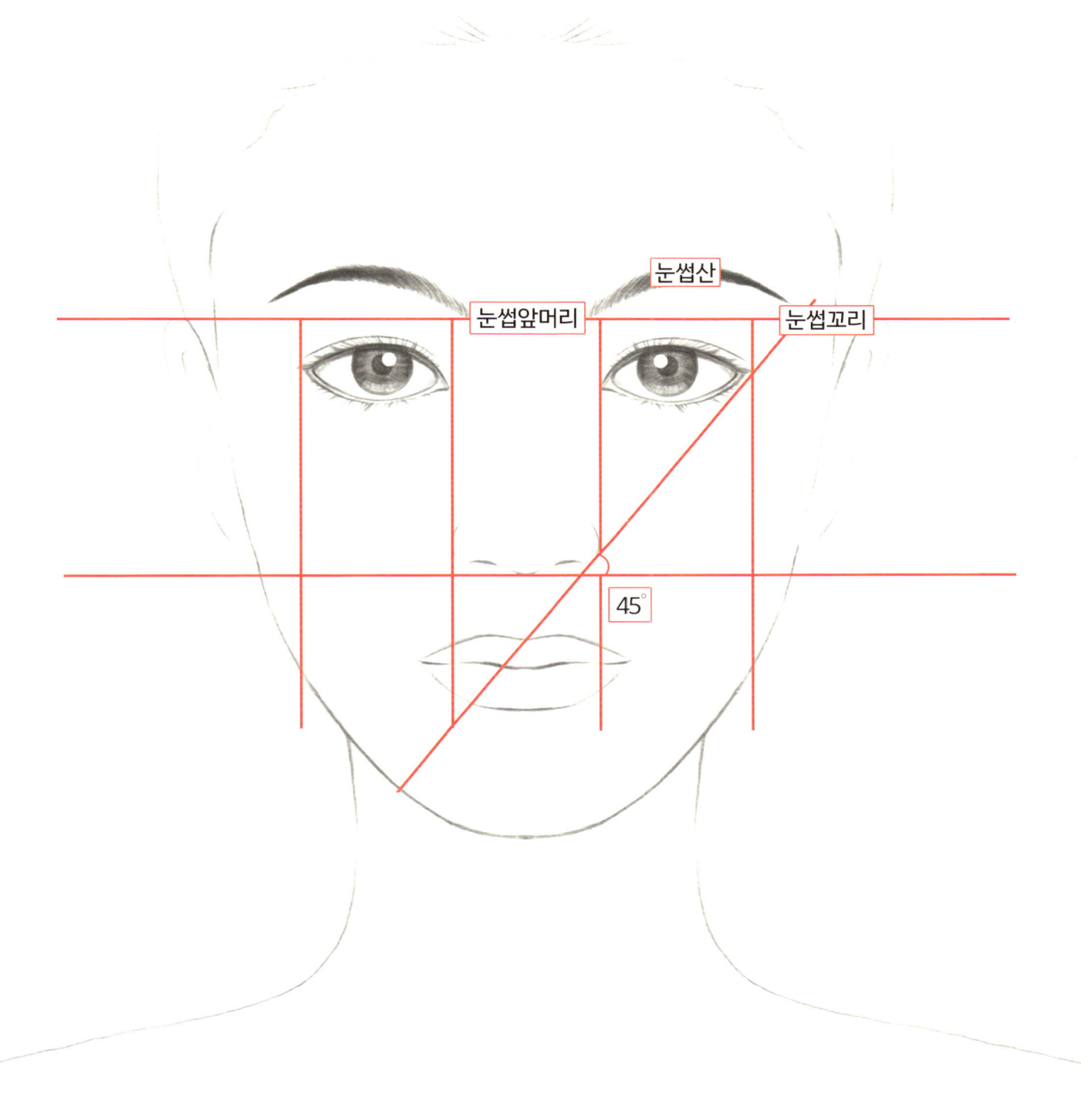

05 눈썹 부위별 명칭 및 위치

05 눈썹 부위별 명칭 및 위치

1 표준눈썹 실습

1 표준눈썹 실습

05 눈썹 부위별 명칭 및 위치

2 각진눈썹 실습

05 눈썹 부위별 명칭 및 위치

3 둥근눈썹 실습

3 둥근눈썹 실습

05 눈썹 부위별 명칭 및 위치

4 직선눈썹 실습

4 직선눈썹 실습

05 눈썹 부위별 명칭 및 위치

5 사선눈썹 실습

5 사선눈썹 실습

06 Eye shadow

눈의 음영을 부여하여 깊이와 볼륨을 주며 눈의 분위기를 연출 할 수 있다.

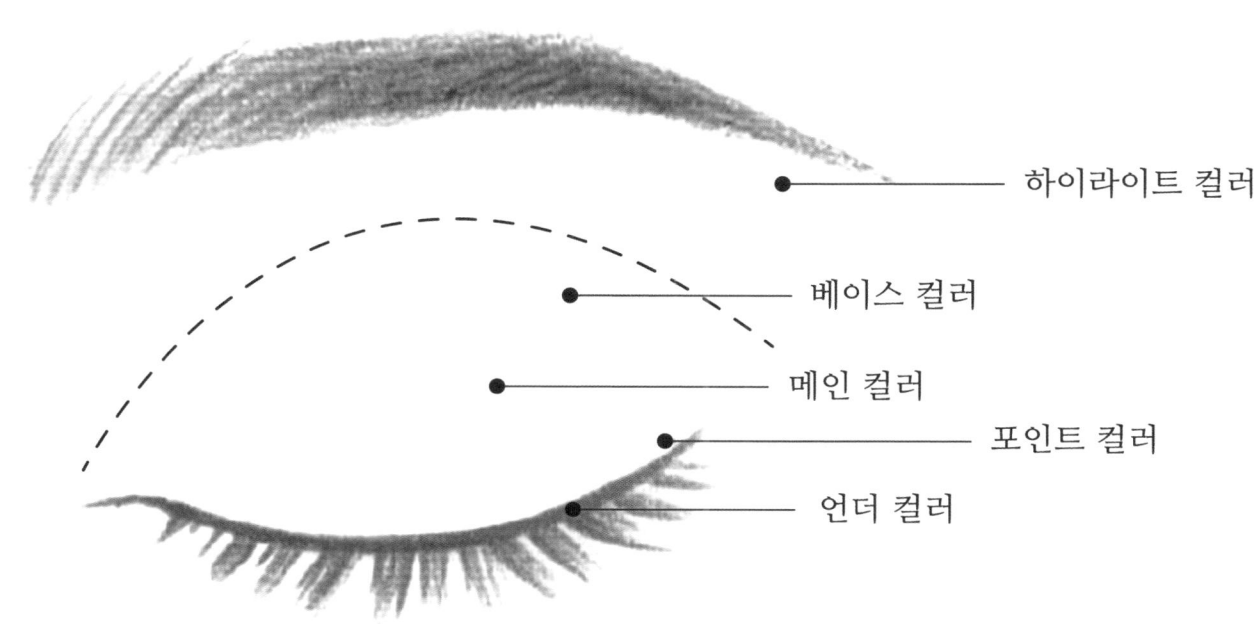

▶ Eye shadow의 명칭

· 베이스 컬러(Base Color)
눈에 음영을 주기 위해 눈두덩 전체에 펴 바르는 색으로 채도가 낮은 컬러를 사용한다.

· 메인 컬러(Main Color)
눈매의 색감을 연출하는 컬러로 눈화장을 좌우하는 가장 많이 보여지는 색이다.

· 포인트 컬러(Point Color)
눈 라인 위쪽으로 눈의 형태에 따라 강한 색감을 주어 눈매를 강조하기 위해 바르는 색이다.

· 하이라이트 컬러(Highlight Color)
색감의 빛을 주어 넓고 돌출된 느낌을 줄 때, 눈썹뼈에 바르는 색이다.

· 언더 컬러 (Under Color)
눈 아래 라인에 넣어주어 눈매를 완성하며 위 섀도와의 밸런스를 맞추어 준다.
단, Under color는 너무 강하면 화장이 매우 강해 보이므로 주의한다.

06 Eye illustration

1 프레임기법

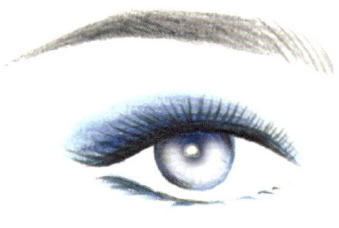   

06 Eye illustration

② 바깥쪽홀패턴

06 Eye illustration

3 안쪽 홀 패턴

   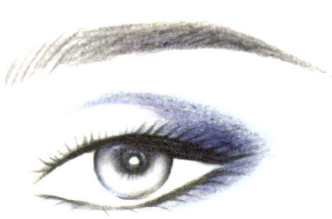

06 Eye illustration

4 One tone gradation (깨끗하고 자연스러운 느낌 연출)

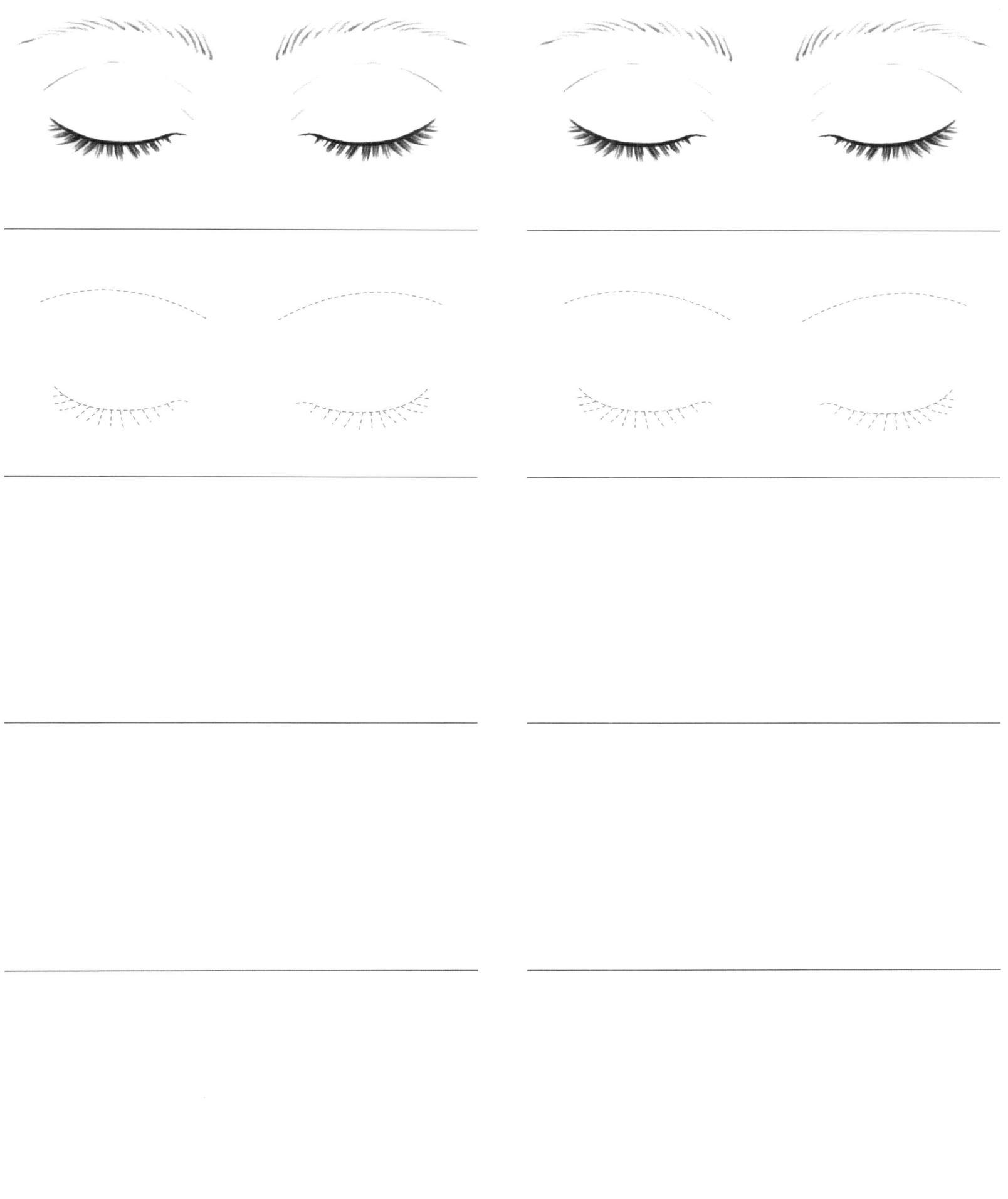

06 Eye illustration

5 Two tone gradation (눈의 볼륨을 효과적으로 연출)

06 Eye illustration

6 Three tone gradation (화려하고 강한 아이포인트 연출)

06 Eye liner

아이 라인은 눈매를 선명하게 표현하며 눈의 형태를 수정 보완하는데 큰 효과가 있다.

07 Lip

입술에 색감을 부여하여 생동감을 주고 입술을 외부로부터 보호하며
입술의 형태를 수정 보완할 수 있다.

1) 기본형 입술

- 입술의 양 끝은 눈동자 중앙에서 수직으로 내린 선의 조금 안쪽에 위치한다.
- 입술 산은 양 콧구멍을 중심으로 수직으로 내린 선과 만나는 부분에 위치한다.
- 이상적인 윗입술: 아랫입술 비율은 1: 1.5 이다.

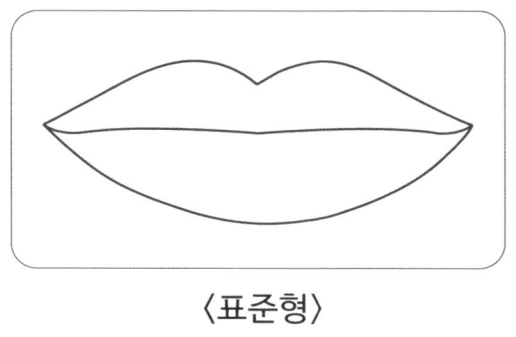

〈표준형〉

2) 입술 그리는 방법

- 1,2 : 입술산에서 입술 중앙으로 그린다.
- 3 : 아랫입술 중앙을 그린다.
- 4,5,6,7 : 입꼬리에서 입술산으로 그린다.

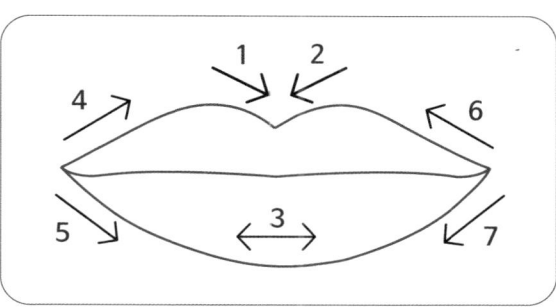

3) 입술에 따른 이미지

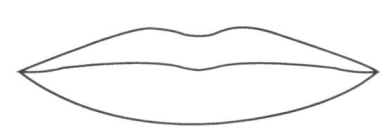  

· 인커브형(in curve)　　· 아웃 커브형(out curve)　　· 스트레이트형(straight)

원래의 형태보다 안쪽으로 그려주는
방식으로 귀여운 이미지 연출.

원래의 형태보다 바깥쪽으로 그려주는
방식으로 섹시하고 도발적인 이미지 연출.

직선형의 입술로
지적이며 도시적인 이미지 연출.

4) 입술 형태에 따른 수정 방법

| 두꺼운형 | 얇은형 | 입꼬리가 올라간형 | 입꼬리가 처진형 |

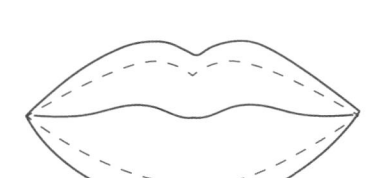  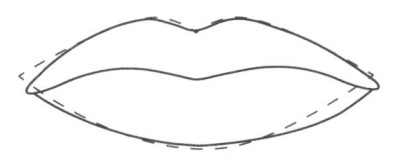

07 Lip illustration

ㅣ 표준형 입술

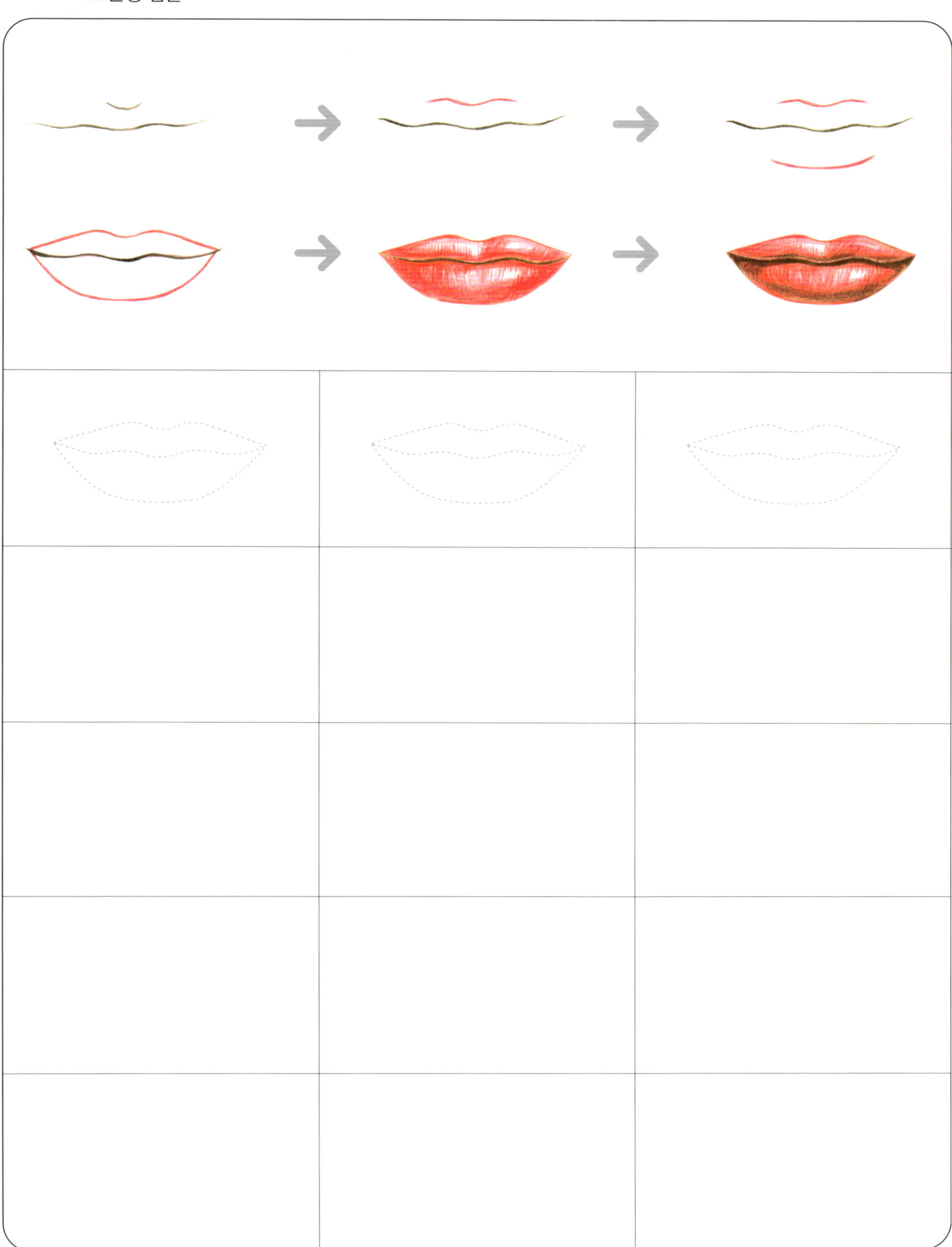

ㅣ 표준형 입술

07 Lip illustration

Ⅰ 아웃커브 입술

Ⅰ 아웃커브 입술

07 Lip illustration

l 인커브 입술

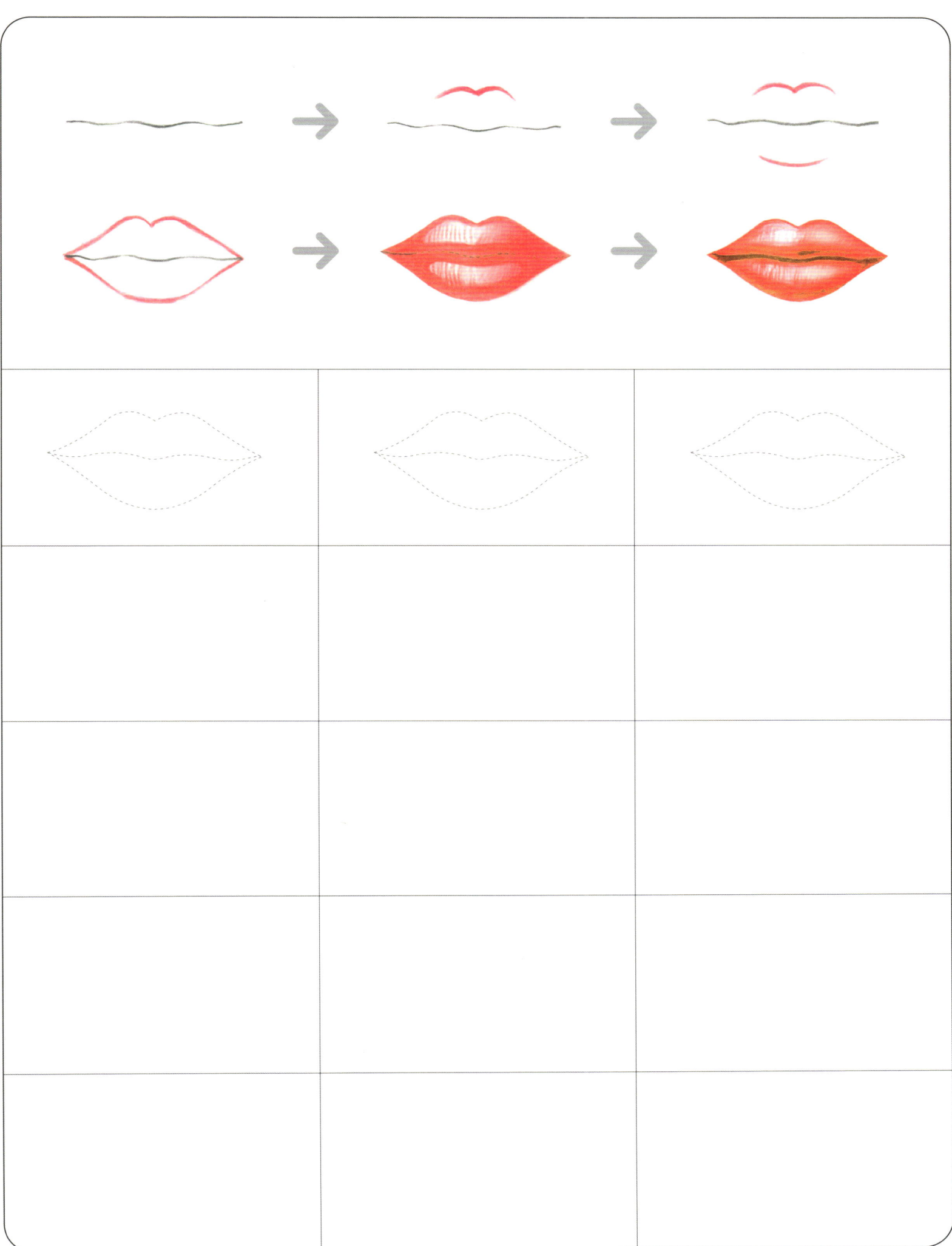

l 인커브 입술

07　Lip illustration

ㅣ직선커브 입술

ㅣ직선커브 입술

08 얼굴형에 따른 치크 위치

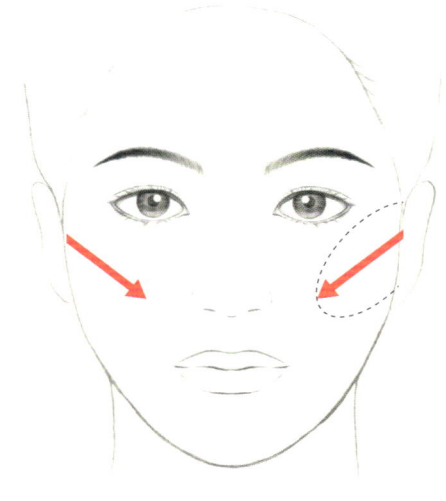

타원형 얼굴
(Ovel face)

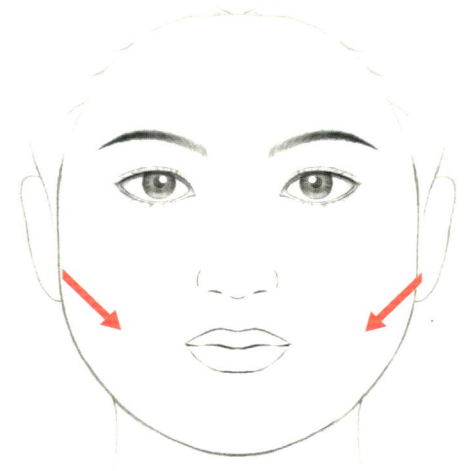

둥근형 얼굴
(Round face)

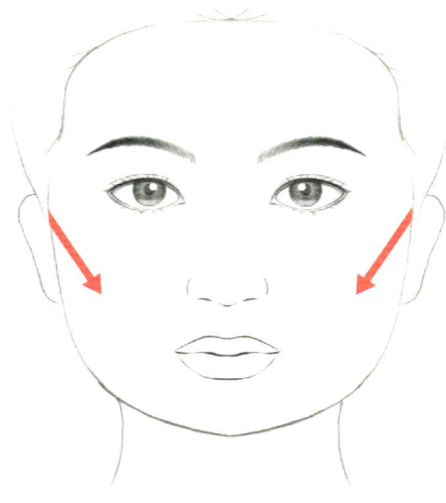

사각형 얼굴
(Square face)

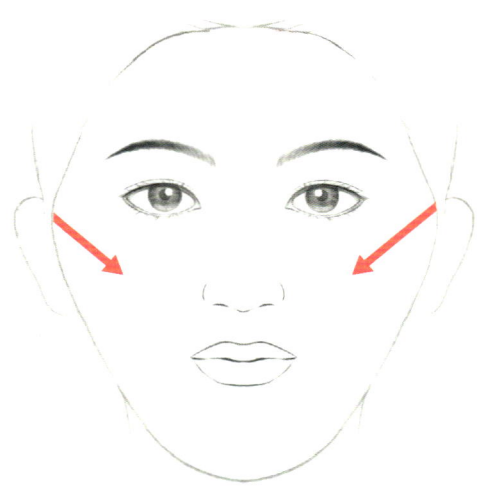

역삼각형 얼굴
(Uninverted Triangular face)

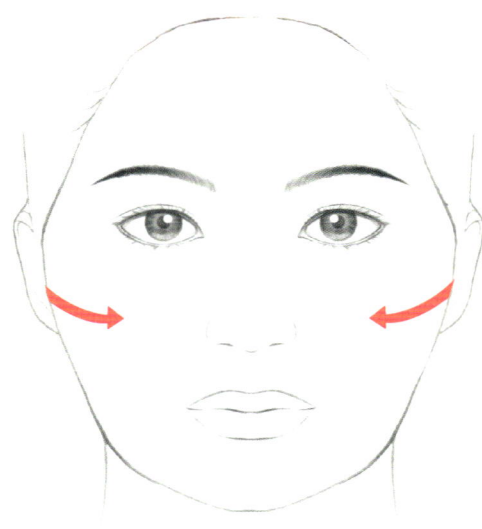

다이아몬드형 얼굴
(Diamond face)

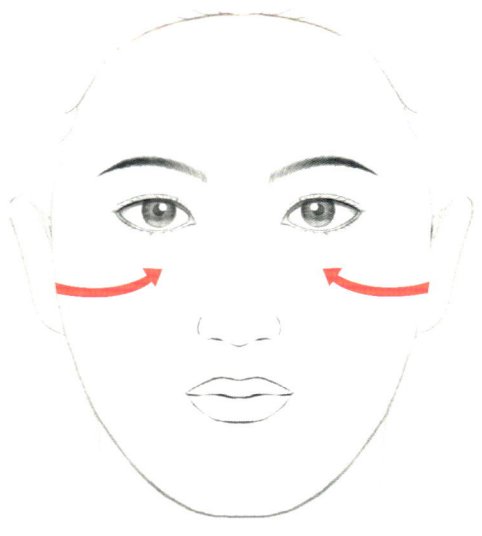

긴 얼굴
(Long face)

09 Face Design

Date	Sign		Eye Make-up	○○○○
Concept				

Base Make-up	○○○○		Lip	○○○○
			Cheek	○○○○

09 Face Design

Date	Sign	Eye Make-up	○○○○
Concept			

Base Make-up	○○○○	Lip	○○○○
		Cheek	○○○○

09 Face Design

Date	Sign	Eye Make-up	○○○○
Concept			

Base Make-up	○○○○	Lip	○○○○
		Cheek	○○○○

09 Face Design

Date	Sign		Eye Make-up	○ ○ ○ ○
Concept				

Base Make-up	○ ○ ○ ○	Lip	○ ○ ○ ○
		Cheek	○ ○ ○ ○

09 Face Design

Date	Sign	Eye Make-up	○○○○
Concept			

Base Make-up	○○○○	Lip	○○○○
		Cheek	○○○○

09 Face Design

Date	Sign	Eye Make-up	○ ○ ○ ○
Concept			

Base Make-up	○ ○ ○ ○	Lip	○ ○ ○ ○
		Cheek	○ ○ ○ ○

09 Face Design

Date	Sign		Eye Make-up	○○○○
Concept				
Base Make-up	○○○○		Lip	○○○○
			Cheek	○○○○

09 Face Design

Date	Sign		Eye Make-up	○ ○ ○ ○
Concept				

Base Make-up	○ ○ ○ ○		Lip	○ ○ ○ ○
			Cheek	○ ○ ○ ○

09 Face Design

Date	Sign		Eye Make-up	○○○○
Concept				
Base Make-up		○○○○	Lip	○○○○
			Cheek	○○○○

09 Face Design

Date	Sign		Eye Make-up	○○○○
Concept				
Base Make-up	○○○○		Lip	○○○○
			Cheek	○○○○

09　Face Design

Date		Sign		Eye Make-up	○○○○
Concept					
Base Make-up			○○○○	Lip	○○○○
				Cheek	○○○○

09 Face Design

Date	Sign		Eye Make-up	○○○○
Concept				
Base Make-up		○○○○	Lip	○○○○
			Cheek	○○○○

09 Face Design

Date	Sign	Eye Make-up	○○○○
Concept			
Base Make-up	○○○○	Lip	○○○○
		Cheek	○○○○

09 Face Design

Date	Sign	Eye Make-up	○○○○
Concept			

Base Make-up	○○○○	Lip	○○○○
		Cheek	○○○○

10 Pattern Design

1 웨딩 - Romantic

Date	Sign	Eye Make-up	○○○○
Concept			

Base Make-up	○○○○	Lip	○○○○
		Cheek	○○○○

10 Pattern Design

2 웨딩 – Classic

Date	Sign	Eye Make-up	○○○○
Concept			

Base Make-up	○○○○	Lip	○○○○
		Cheek	○○○○

10 Pattern Design

3 한복

Date	Sign		Eye Make-up	○○○○
Concept				

Base Make-up	○○○○	Lip	○○○○
		Cheek	○○○○

10 Pattern Design

4 내추럴

Date	Sign	Eye Make-up	○○○○
Concept			

Base Make-up	○○○○	Lip	○○○○
		Cheek	○○○○

10 Pattern Design

5 그레타 가르보

Date	Sign	Eye Make-up	○○○○
Concept			
Base Make-up	○○○○	Lip	○○○○
		Cheek	○○○○

10 Pattern Design

6 마릴린먼로

Date	Sign	Eye Make-up	○○○○
Concept			

Base Make-up	○○○○	Lip	○○○○
		Cheek	○○○○

10 Pattern Design

7 트위기

Date	Sign	Eye Make-up	○○○○
Concept			

Base Make-up	○○○○	Lip	○○○○
		Cheek	○○○○

10 Pattern Design

8 펑크

Date	Sign	Eye Make-up	○○○○
Concept			
Base Make-up	○○○○	Lip	○○○○
		Cheek	○○○○

10 Pattern Design

9 레오파드

Date	Sign	Eye Make-up	○○○○
Concept			

Base Make-up	○○○○	Lip	○○○○
		Cheek	○○○○

10 Pattern Design

10 한국무용

Date	Sign	Eye Make-up	○○○○
Concept			

Base Make-up	○○○○	Lip	○○○○
		Cheek	○○○○

10 Pattern Design

11 발레

Date	Sign	Eye Make-up	○○○○
Concept			

Base Make-up	○○○○	Lip	○○○○
		Cheek	○○○○

10 Pattern Design

12 노역

Date	Sign	Eye Make-up	○○○○
Concept			
Base Make-up	○○○○	Lip	○○○○
		Cheek	○○○○

11 Hair Design

11 Hair Design

Date	Sign	Eye Make-up	○○○○
Concept			
Base Make-up	○○○○	Lip	○○○○
		Cheek	○○○○

11 Hair Design

Date	Sign	Eye Make-up	○○○○
Concept			

Base Make-up	○○○○	Lip	○○○○
		Cheek	○○○○

11 Hair Design

Date	Sign	Eye Make-up	○○○○
Concept			

Base Make-up	○○○○	Lip	○○○○
		Cheek	○○○○

12　Fantasy Design

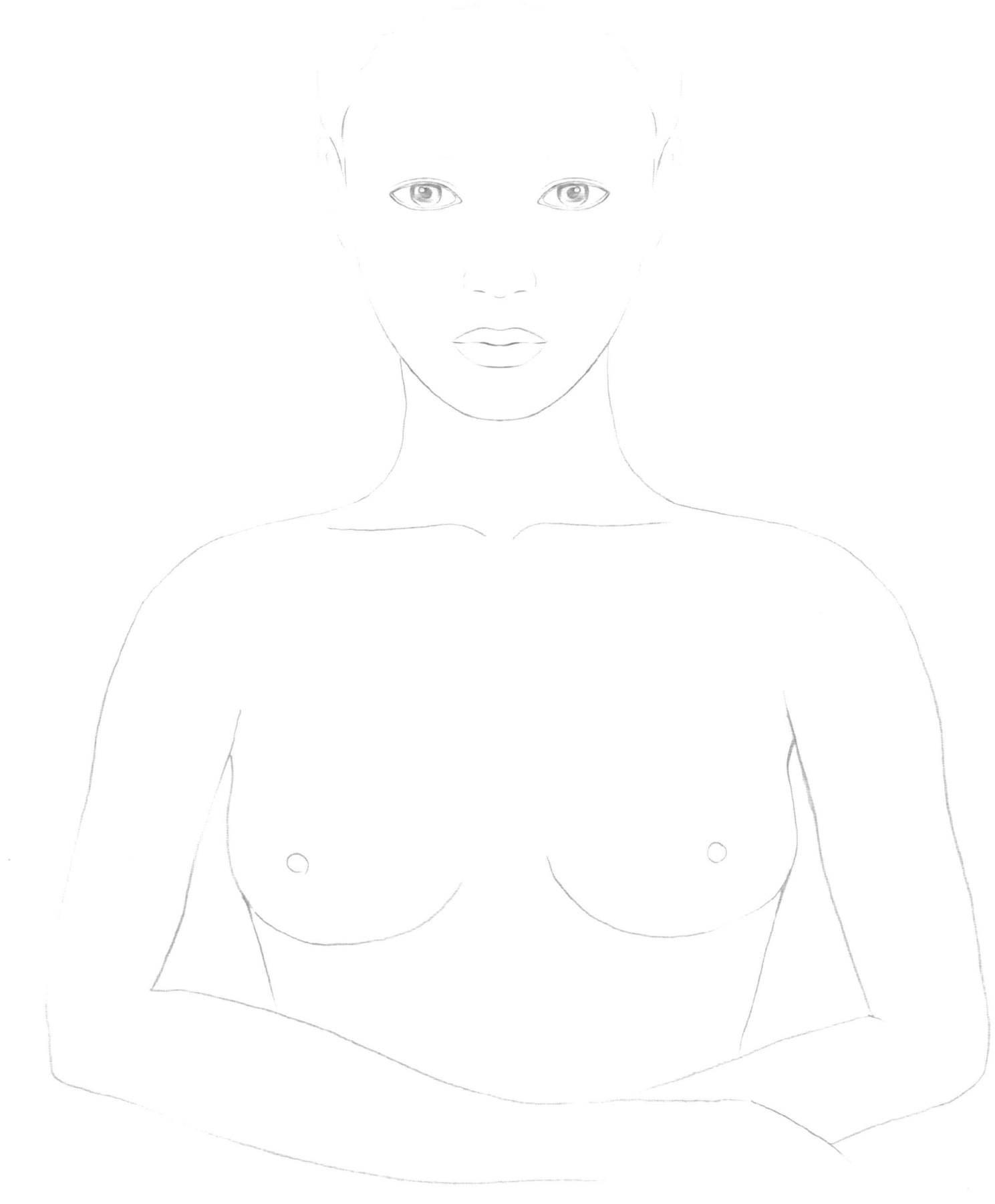

Date	Sign		Eye Make-up	○○○○
Concept				

Base Make-up	○○○○	Lip	○○○○
		Cheek	○○○○

12　Fantasy Design

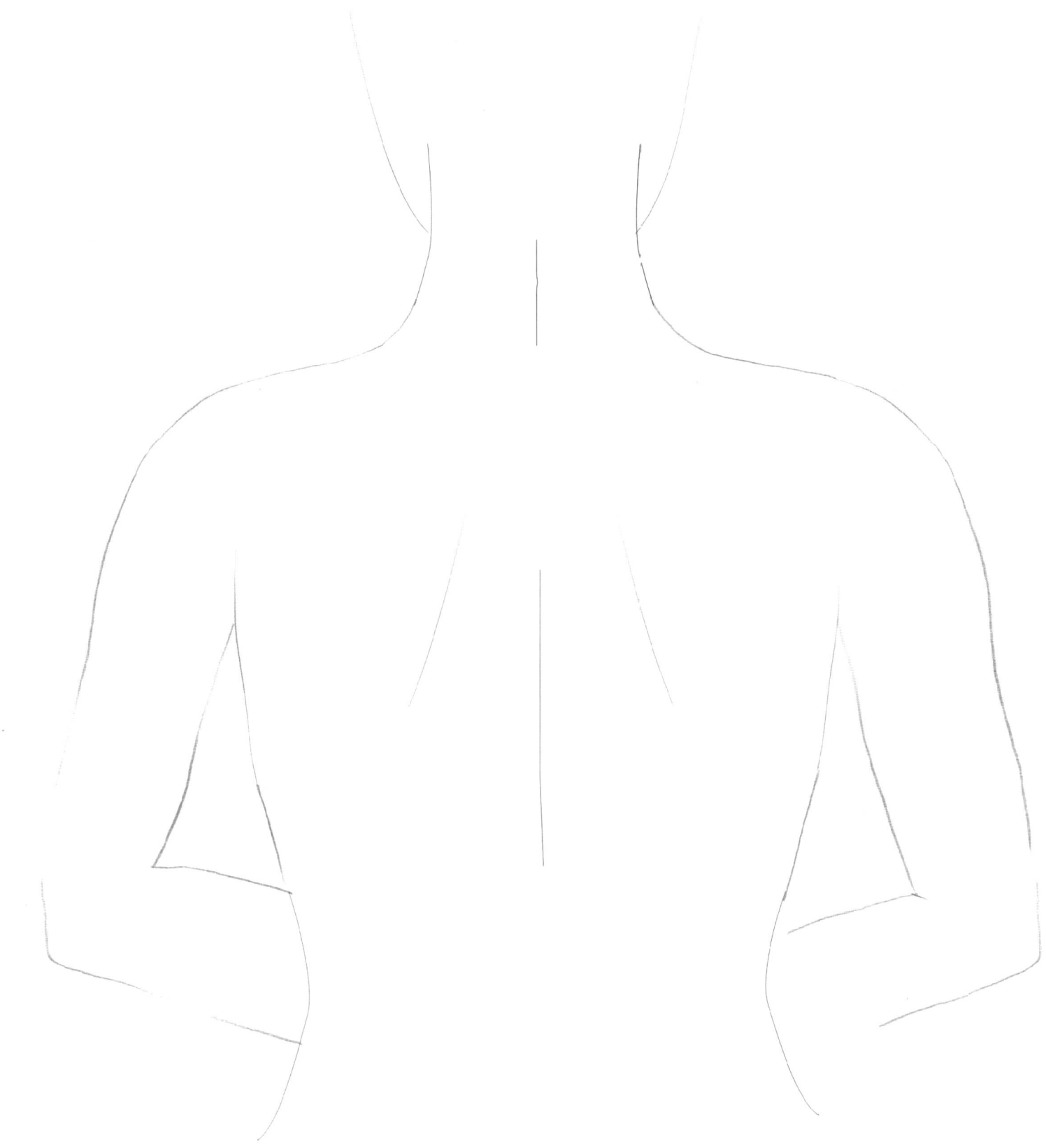

12 Fantasy Design

Date	Sign	Eye Make-up	○○○○
Concept			

Base Make-up	○○○○	Lip	○○○○
		Cheek	○○○○

12 Fantasy Design

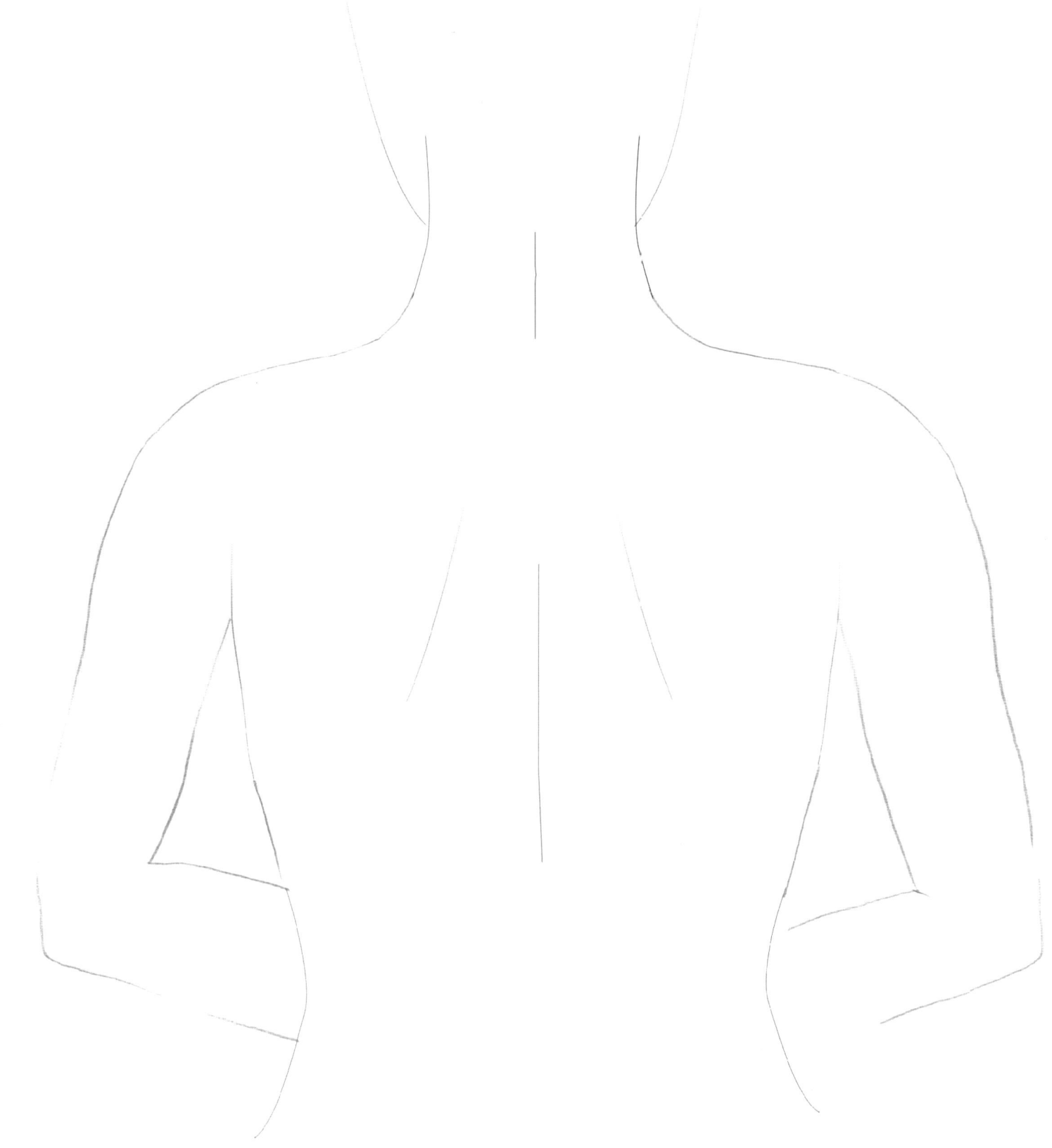

12 Fantasy Design

Date	Sign	Eye Make-up	○○○○
Concept			

Base Make-up	○○○○	Lip	○○○○
		Cheek	○○○○

12 Fantasy Design

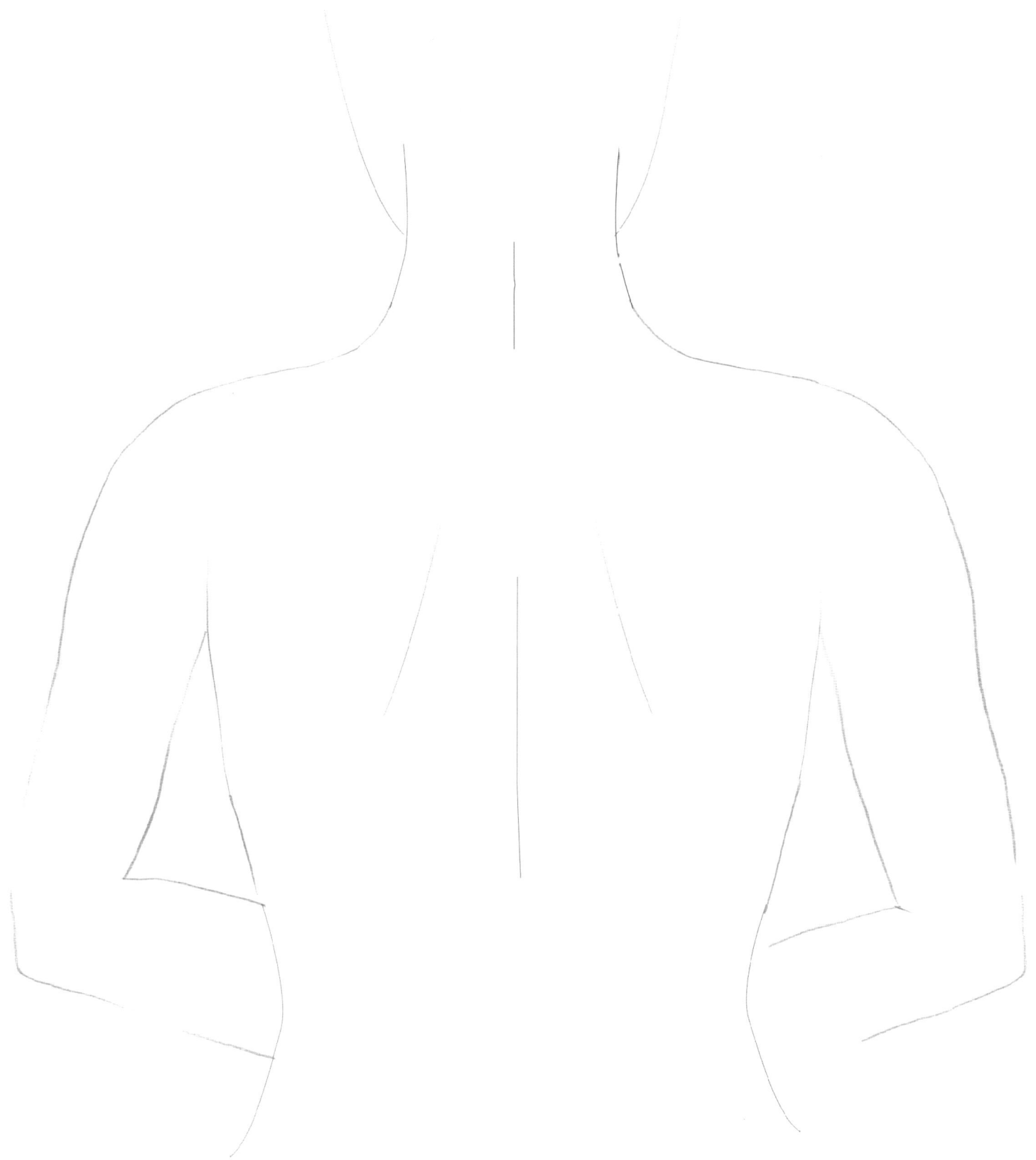

13 Body Design

Date	Sign
Concept	

Body Design	○○○○
Hair style	○○○○
Fashion	○○○○
Accessories	○○○○

13 Body Design

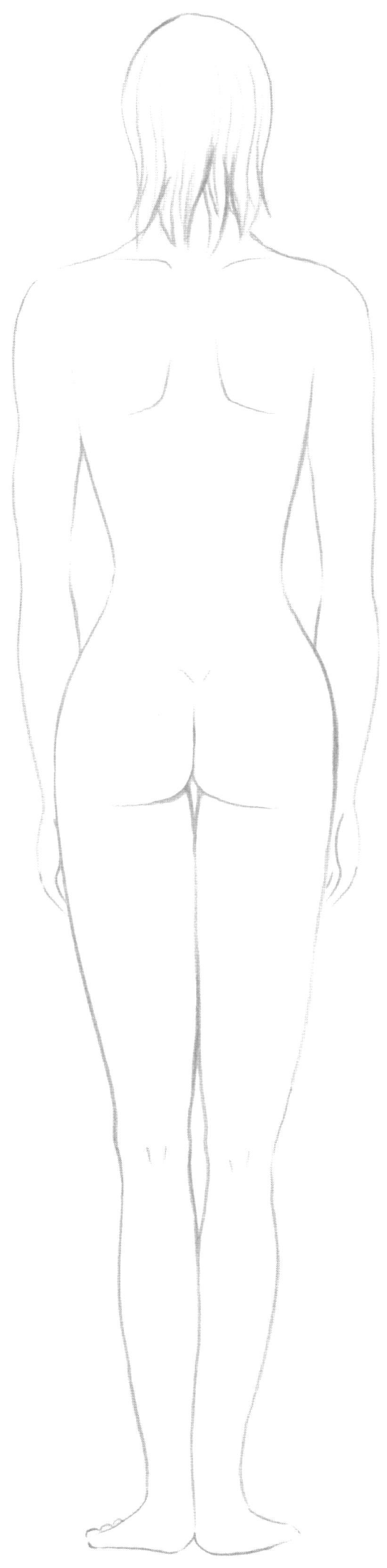

Date	Sign
Concept	

Body Design		○ ○ ○ ○
Hair style		○ ○ ○ ○
Fashion		○ ○ ○ ○
Accessories		○ ○ ○ ○

13 Body Design

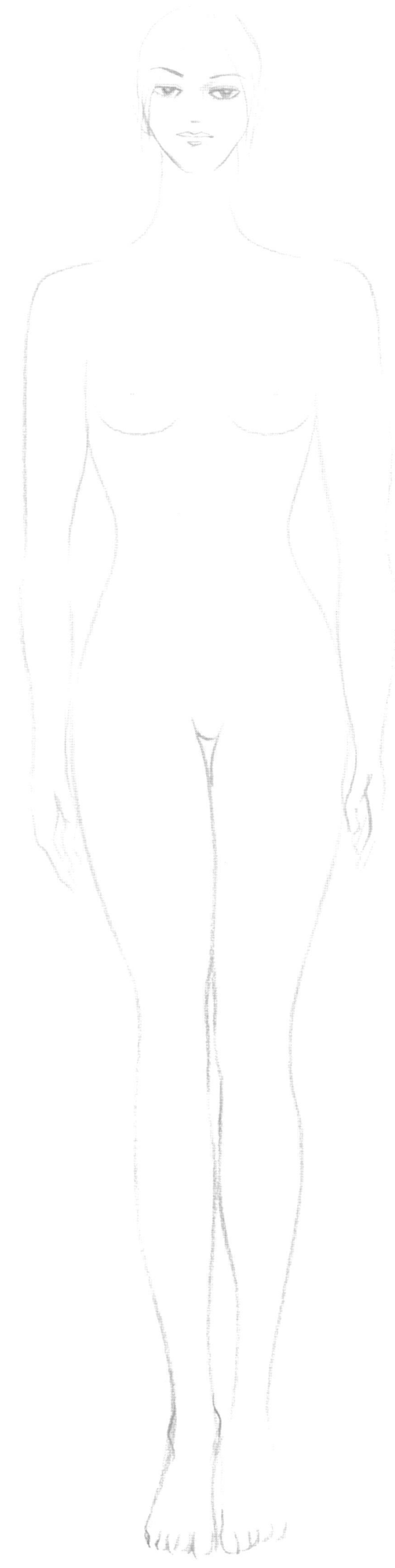

Date	Sign
Concept	

Body Design	○○○○
Hair style	○○○○
Fashion	○○○○
Accessories	○○○

13 Body Design

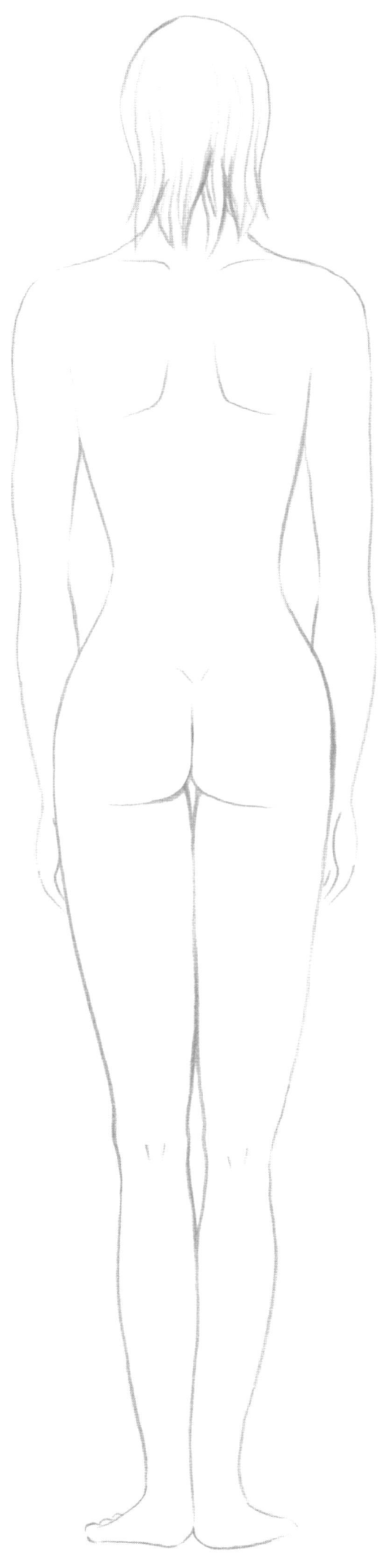

Date	Sign
Concept	
Body Design	○○○○
Hair style	○○○○
Fashion	○○○○
Accessories	○○○○

13 Body Design

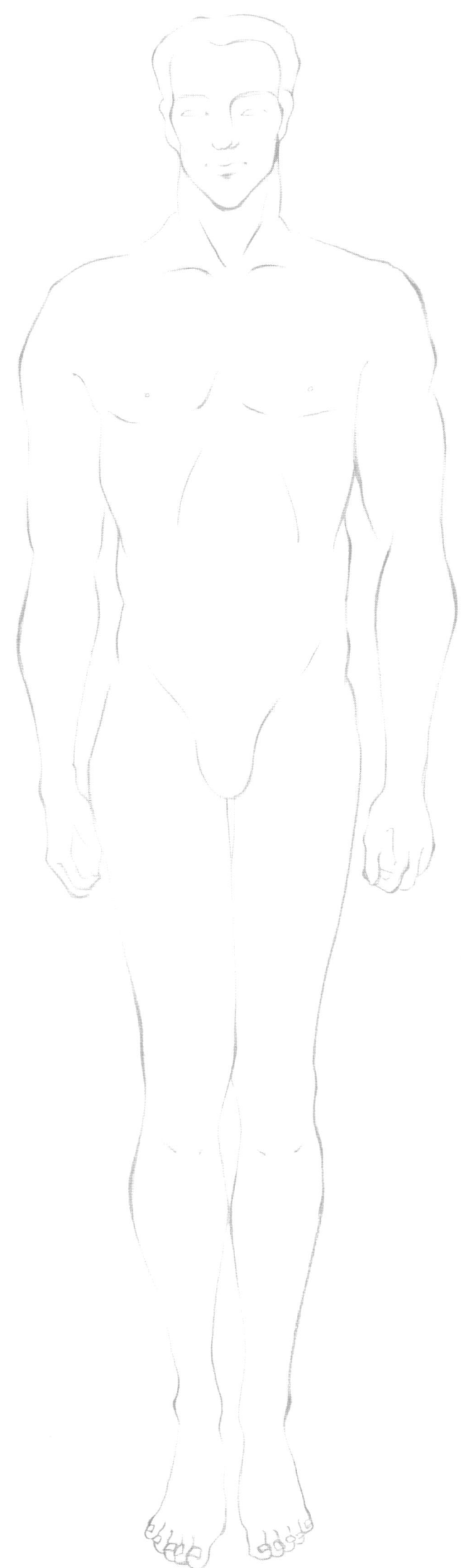

Date	Sign
Concept	

Body Design	○○○○
Hair style	○○○○
Fashion	○○○○
Accessories	○○○○

13 Body Design

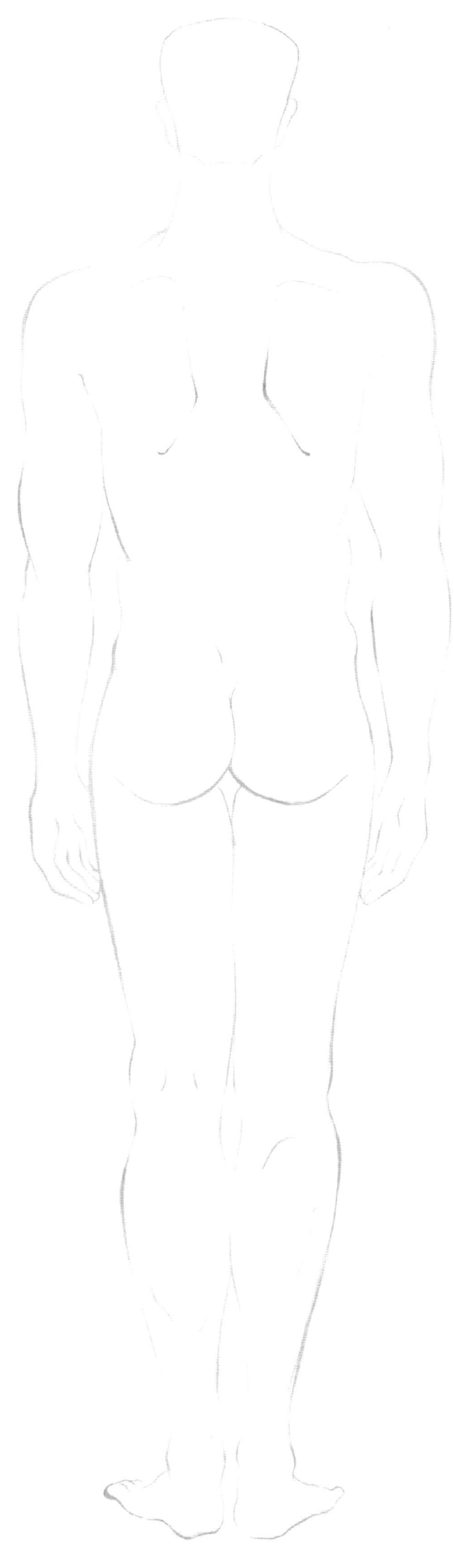

Date	Sign
Concept	

Body Design	○ ○ ○ ○
Hair style	○ ○ ○ ○
Fashion	○ ○ ○ ○
Accessories	○ ○ ○ ○

13 Body Design

Date	Sign
Concept	

Body Design	○○○○

Hair style	○○○○
Fashion	○○○○
Accessories	○○○○

13 Body Design

Date	Sign	Hair style	○○○○
Concept			
Body Design	○○○○	Fashion	○○○○
		Accessories	○○○○

14 Practice

14 Practice

14 Practice

14 Practice

14　Practice

성안당은 선진화된 출판 및 영상교육 시스템을 구축하고 항상 연구하는 자세로 독자 앞에 다가갑니다.

발행일 2017. 5. 25 초판 1쇄 | 2023. 3. 8 개정판 1쇄 | **지은이** 이미애, 박미경 | **발행인** 이종춘 | **기획** 최옥현 | **책임편집** 김상민
표지디자인 박현정 **본문디자인** 이미애 | **발행처** BM ㈜도서출판 **성안당** | **등록번호** 1973. 2. 1. 제406-2005-000046호
전화 031-950-6300 | **주소** 경기도 파주시 문발로 112 파주 출판 문화도시(제작 및 물류) | **홈페이지** www.cyber.co.kr

*이 책은 저작권법에 의해 보호받는 저작물이므로 일부 또는 전부를 무단 전재와 복제할 수 없습니다.